AF290003

Janvier 2021

Jean-François JABAUDON

LA ROUE À AUBES

FSC
www.fsc.org
MIXTE
Papier issu
de sources
responsables
Paper from
responsible sources
FSC® C105338

LA ROUE A AUBES

Photos : Catherine et Patrick TEXIER

Textes : Jean-François JABAUDON

Il y eut comme le chaos de l'ouverture d'un œil aux couleurs du monde. L'habitude n'y fait rien. Seule la surprise est de taille à vous faire cligner de l'âme.

La mer se lave en fusion. La nuée annonce le matin.

Piriac dessine son harmonieux contraste tout de noir vêtu

Le ciel s'éteint doucement. Il commence à pleuvoir de son soleil violet timide.

Damgan ferme les yeux. Les rêves du jour vont bientôt s'afficher.

A l'origine du monde, le noyau. Le soleil a germé de cette incroyable explosion. Les bernaches en profitent pour l'accompagner dans un même vol universel.

Le soleil, dans cette configuration est en phase « espoir »

Le soleil est le champion des aurores. Il se met à luire doucement pour accompagner les réveils des locataires du monde.

Il n'éblouit pas, au contraire de son coucher qui explose de ses rayons comme pour se faire regretter de vous laisser seul dans la nuit.

Le soleil consume ses derniers brûlots. Il va mourir, laissant place au jour, son fils spirituel.

De la tornade des éclairs nait l'habitude tranquille du temps qui installe son cadran solaire.

Le soleil allume sa lampe… sur l'abat -jour.

Ici, pas d'interrupteur, énergie continue.

Il faut dire que l'île de Houat toute proche porte bien son nom.

James Bond aurait pu jaillir. Permis de cascade de lumière au poing.

Mais on n'a que deux vies. Le lever et le coucher.

Skyfall

L'œuf a accouché de sa couleur diurne. C'est l'heure du petit déjeuner.
L'espace nous propose son miel sur nid d'abeilles.

Une planète inconnue vient flirter avec la Terre, baignée d'océans, venue à la rencontre du Morbihan.

De leurs eaux mêlées jailliront les prémices des temps éternels.

Les nuages se parent alors de la douce dorure de l'horizon nouvel invité de ce réveil vers Kervoyal

L'aurore se mue en tableau, fresque universelle où les pinceaux doux de mes sourcils caressent cette fresque d'une couche de larmes multi chromes.

La marée basse cancane de ses bernaches. Bientôt un petit chien sorti de St Guérin viendra renifler de ses quatre pattes l'algue endormie des rochers.

Le soleil agite sa lampe de poche pour guider le monde de son halo.

L'île Dumet cache son invisible beauté dans la pénombre de la baie.

Alors, dans un dernier sursaut, l'implosion « carpe diem », celle qui va disperser les poudres de bonheur sur cette nouvelle journée, la dernière du monde puisque l'unique en soi.

La naissance s'est bien passée. Le petit astre éclaire la vie de sa douceur. L'homme du nouveau jour regarde cette joie tranquille, carburant écologique qui va chasser ses peurs du lendemain, puisqu'on n'est qu'aujourd'hui.

Une dernière tornade jaune pour aspirer les couleurs du temps.

Peindre le ciel en bleu, balayer les nuages.

Indiquer le sud pour ne pas perdre le nord

Les premiers reflets en mer. Le soleil se détache de l'apesanteur.

Il épouse les couleurs de l'espoir.

Damgan peut se réveiller riche d'un nouveau jour

Alors comment être sûr, en regardant ces aurores illuminer le monde ?

Comment ne pas douter ?

Comment croire qu'il s'agit bien d'un seul et même soleil qui nous honore de son aurore chaque matin ?

Comment imaginer que cet astre puisse changer de couleur ?

Ne peut-on pas rebaptiser « le » soleil en « les » soleils ?

Et donc l'univers au singulier en univers si multiples ?

Ainsi, chaque matin, à Saint Guérin, apporte ses réponses aux grandes questions de la vie.

Encore pour un matin, toujours pour une vie.